AF578909

LA VÉRITÉ

SUR

L'ISTHME DE SUEZ

SOMMAIRE

Géographie de l'Isthme de Suez. — Son histoire depuis les Pharaons. — Projet de percement repris en 1852. — Concession de l'exécution (1854-1856). — Fondation de la Société (1858). — Lutte pour obtenir la ratification du sultan. — Exécution provisoire des travaux (1859 à 1863). — Avénement du vice-roi Ismaïl. — Il fait deux traités avantageux pour la Compagnie (mars 1863). — Note vizirielle menaçante (avril 1863). — Le sultan charge le vice-roi de régulariser la concession (juin 1863). — Nubar-Pacha communique les propositions d'un arrangement définitif (octobre 1863). — Le Conseil les rejette (octobre 1863). — Polémique, procès. — Convocation de l'Assemblée générale des actionnaires (décembre 1863). — Son objet. — *Ratification du sultan.* — *Corvées.* — *Terrains.* — *L'intrigue anglaise.* — Perplexité des actionnaires. — Moyen de la faire cesser : Envoi immédiat d'une commission en Égypte. — Appel d'adhésion aux actionnaires.

PARIS. — IMPRIMERIE DE J. CLAYE, RUE SAINT-BENOIT, 7

LA VÉRITÉ

SUR

L'ISTHME DE SUEZ

LETTRE

A MESSIEURS LES ACTIONNAIRES
DE LA SOCIÉTÉ ANONYME DU PERCEMENT
DE L'ISTHME DE SUEZ

Deuxième édition.

PRIX : 50 CENTIMES

PARIS
E. DENTU, LIBRAIRE-ÉDITEUR
GALERIE D'ORLÉANS, 13 ET 17, PALAIS-ROYAL

1864

LA VÉRITÉ

SUR

L'ISTHME DE SUEZ

LETTRE

A MESSIEURS LES ACTIONNAIRES
DE LA SOCIÉTÉ ANONYME DU PERCEMENT
DE L'ISTHME DE SUEZ.[1]

MESSIEURS,

Depuis 1859 je suis intéressé comme actionnaire dans la Société de l'Isthme de Suez, j'en ai suivi toutes les phases, tous les incidents, et je crois que nous sommes arrivés à une crise fort dangereuse qui mérite toute notre attention.

Permettez-moi de vous faire une proposition dans l'intérêt commun.

C'est moi qui ai provoqué et fait décider la

1. Sur les observations qui nous ont été faites, nous avons rectifié quelques faits, pages 7 et 57.

convocation de notre Assemblée générale; je veux tâcher de compléter mon œuvre en vous mettant à même de prononcer en connaissance de cause.

Pour me faire bien comprendre, je vais préliminairement rappeler tout ce qui s'est passé d'important dans cette affaire depuis son origine.

Vous connaissez tous la situation de L'ISTHME DE SUEZ. Vous savez quelle est sa position relativement à l'ancien monde, c'est-à-dire à l'Europe, à l'Afrique et à l'Asie.

Cette langue de terre, qui n'a pas plus de 15 myriamètres de largeur, — environ la distance de Paris à Rouen, — joint une partie est de l'Égypte, en *Afrique*, à une partie ouest de l'Arabie, en *Asie*.

L'opinion des géologues est que, dans des temps qui n'ont pas d'histoire, cette soudure n'existait pas, et que les canots ou les barques des premiers hommes passaient librement de la mer Méditerranée à la mer Rouge par un détroit qui faisait le pendant de celui de Gibraltar entre l'Espagne et le Maroc.

Aujourd'hui que cette barrière de 150 kilomètres d'épaisseur s'est formée par des atterrissements, elle fait obstacle à la navigation d'Europe à la côte d'Afrique et à tous les rivages de l'Asie. Pour les atteindre, il faut qu'un vaisseau descende jusqu'à l'extrémité sud de l'Afrique, c'est-à-dire jusqu'au cap de Bonne-Espérance, et qu'il remonte ensuite jusqu'à sa destination. Sur des distances de 5 à 6,000 lieues, on pourrait, par la voie directe, en abréger 3,000 au moins; les navigateurs n'auraient à parcourir que l'un des côtés du vaste triangle que forme l'Afrique, tandis qu'il leur faut aujourd'hui descendre et remonter les deux côtés les plus allongés.

L'idée de supprimer cette barrière de Suez s'est présentée à l'esprit humain il y a bien des siècles, car l'exécution en a été commencée dans les temps antiques par les Pharaons; elle a été continuée par Darius et achevée, dit-on, par les Ptolémées avant l'ère chrétienne. Ces beaux travaux, négligés depuis par l'ignorance et ruinés par les guerres dont l'Égypte fut le théâtre si longtemps, furent repris par les califes; mais Mansour, l'un d'eux, les fit détruire à la fin du xe siècle.

Depuis lors, tous les hommes de génie qui agitèrent le monde rêvèrent le rétablissement de cette route de l'Occident vers l'Orient, et Napoléon III est le dernier d'entre eux qui ait médité sur le problème humanitaire du percement de l'Isthme.

M. Ferdinand de Lesseps a suivi ces traces glorieuses. Il y a douze ans, il a ressuscité la vieille idée de la canalisation maritime de Suez. Il en a démontré la possibilité au vice-roi d'Égypte Mohammed-Saïd, lui en a fait apercevoir les magnifiques conséquences, et il a obtenu, le 30 novembre 1854, la concession du travail à exécuter. Voici l'extrait du firman ou décret qui contient cette concession :

« M. de Lesseps est chargé du percement de « l'Isthme de Suez ; il constituera à cet effet une « compagnie, il en aura la direction.

« Le Directeur de la Compagnie sera toujours « nommé par le gouvernement égyptien.

« Outre le canal maritime, la Compagnie éta- « blira un ou deux ports aux embouchures. Elle « pourra aussi construire un canal d'eau douce « dérivé du Nil ; dans ce cas, elle possédera les « terrains du domaine public, qui seraient arrosés « et cultivés à ses frais.

« Les travaux seront exécutés aux frais exclusifs « de la Compagnie, qui durera quatre-vingt-dix- « neuf ans. »

Dans la lettre d'envoi du firman, le vice-roi mentionnait à deux reprises la nécessité de la ratification du sultan de Turquie, et pour rendre la concession définitive et pour commencer les travaux.

Dans son accusé de réception, M. de Lesseps reconnut que la Compagnie à créer pour l'entreprise ne pourrait fonctionner qu'après la ratification du sultan.

La réserve de l'autorisation suzeraine n'était pas facultative pour le vice-roi; c'était une nécessité de sa situation, car dans l'acte d'allégeance qui reconnaît la vice-royauté héréditaire dans la descendance de Méhémet-Ali, il est stipulé que *les grandes affaires intéressant l'Égypte devront être autorisées par le sultan.* Cette stipulation s'est toujours exécutée : le barrage du Nil, les chemins de fer, etc., ont été soumis à l'approbation du Divan, et les travaux n'ont commencé qu'après l'obtention de cet *exequatur*.

La ratification fut demandée par le vice-roi,

mais on s'aperçut qu'elle serait difficile à obtenir. Son Altesse ne vit dans ce refus que la malveillance ordinaire de la Turquie, qui considère toujours l'Égypte comme une province révoltée, et la famille du premier vice-roi comme une race de rebelles et d'usurpateurs.

M. de Lesseps alla lui-même à Constantinople, il y resta quelque temps, il n'en rapporta qu'une lettre du grand vizir contenant des paroles flatteuses à son adresse et des promesses non suivies d'effet.

La vérité est que la Porte Ottomane ne voyait pas sans effroi le percement de l'Isthme. La possession suzeraine d'un canal maritime joignant l'Europe à l'Asie, et dont les produits appartiendraient au vice-roi d'Égypte, lui préparait, sans profit, des tribulations de la nature de celles que lui suscitent le détroit des Dardanelles et le Bosphore, qu'il possède et conserve comme les esclaves du sérail gardent les sultanes. Il se voyait obligé, dans un prochain avenir, de maintenir l'équilibre entre les puissances chrétiennes qui se livrent au commerce, d'apaiser leurs luttes d'influence et de concilier leurs prétentions rivales.

L'article du firman relatif aux terrains d'une contenance tout à fait indéterminée, qui étaient abandonnés à la Compagnie, inquiétait aussi le Divan. Il se demandait qui serait maître des provinces où l'élément chrétien dominerait dans de larges proportions, et si ce ne serait point livrer de nouveau l'Égypte à la France et à son gouvernement, que de permettre cette aliénation.

D'un autre côté, l'inquiétude des Anglais était éveillée. Le Canal maritime de l'Égypte allait ouvrir à tous les peuples un accès facile vers les Indes, où la Grande-Bretagne a fondé et possède un immense empire. Elle ne voulait pas que ses possessions fussent abandonnées sans défense aux agressions des autres peuples d'Europe. Aussi s'empressa-t-elle, avec plus ou moins de loyauté et de justice, de se saisir des positions qui la rendaient maîtresse du golfe Persique et du détroit de Bab-el-Mandeb qui débouche dans la mer des Indes, telles que les îles Périm (fin 1856), Comoran (1858), Moussols (1859), qui toutes se relient au grand arsenal d'Aden, créé depuis quinze ans, et qui est à quarante heures de navigation de Périm.

Ajoutons que l'antagonisme séculaire qui existe entre la France et l'Angleterre jouait peut-être son rôle dans l'entreprise de Suez.

Le Divan, ainsi appuyé par la diplomatie anglaise, poussé plus encore par son instinct de conservation et sa vieille politique, demanda des explications au vice-roi, en lui signalant surtout le danger de la concession des terrains. Son Altesse fit de vains efforts pour rassurer la Turquie; elle y échoua.

Malgré ces agitations, M. de Lesseps continuait son œuvre; il étudiait et faisait étudier par les hommes spéciaux toutes les faces de son projet. Ces travaux ont été recueillis par lui et forment la matière de plusieurs gros volumes.

Le 5 janvier 1856, treize mois après la première concession, elle fut renouvelée et développée par le vice-roi.

Le nouveau firman précisa mieux les objets et les droits concédés.

La Compagnie devait exécuter :

1° Le canal maritime du golfe de Péluse au golfe de Suez;

2° Un port de commerce à chaque embouchure,

et un vaste bassin ou port intérieur au centre de l'Isthme dans le lac Timsah;

3° Enfin un canal fluviatile, qui prendrait l'eau du Nil près du Caire, l'amènerait au lac Timsah, et qui, avant son embouchure, se bifurquerait pour se rendre vers la droite à Suez, vers la gauche au nouveau port de Péluse (Port-Saïd), en fertilisant tout son parcours par des dérivations sur les terrains abandonnés, comme il est dit dans la première concession.

Le firman contenait encore le projet et l'approbation anticipée des statuts de la Société à fonder. Il se terminait par la reproduction des réserves faites relativement à l'autorisation du sultan; le vice-roi devait la solliciter sans retard.

On s'est efforcé de trouver des différences entre les deux firmans de concession. J'avoue que, sauf l'énumération des objets compris dans la concession, je n'en vois aucune.

Il y a une dissemblance dans les réserves au profit du sultan; le second firman exprime d'une manière plus nette que c'est le vice-roi qui doit obtenir l'autorisation. Cela n'aurait d'importance que s'il avait négligé de la demander; mais, au contraire, il ne l'a sollicitée que trop souvent[1].

En effet, de nouvelles démarches furent tentées pour obtenir du sultan la ratification : elles n'obtinrent pas plus d'effet que par le passé; l'hostilité se manifestait à tous les degrés de la hiérarchie, et le représentant britannique excitait de son

1. Un débat s'est encore élevé sur la question de savoir si M. de Lesseps était le mandataire du vice-roi et s'il a eu tort de se présenter comme tel.

Il suffit de lire les pièces officielles pour voir que M. de Lesseps a eu une sorte de mandat restreint.

Certainement, cela ne résulte pas du premier firman, car celui-ci porte que le vice-roi *donne pouvoir de fonder et diriger une Compagnie universelle;* comme le prince n'est évidemment pas le Directeur de notre Société, qu'il y est, au contraire, complétement étranger, qu'il joue, dans l'opération, le rôle de *souverain* qui la favorise dans l'intérêt du pays, et non pas celui d'*entrepreneur d'affaires* cherchant un bénéfice, le mot *pouvoir* est évidemment dans ce cas une expression impropre et qu'il faut ramener à son véritable sens, celui de *autorisation*. La phrase est répétée textuellement dans le préambule de la seconde concession, la même observation lui est applicable.

Mais l'article 5 des statuts porte que, dans le passé, M. de Lesseps a été investi des pouvoirs du prince *pour arriver à la réalisation de l'entreprise*. C'est en ce sens seulement que M. de Lesseps a été jusqu'à un certain point le mandataire du vice-roi, et l'a représenté dans tous les actes nécessaires à la préparation de la Société et à la mise en lumière du projet de percement de l'Isthme. Cette observation devrait faire cesser un débat stérile et qu'on s'efforce d'envenimer.

mieux les défiances et les répugnances de la Turquie.

En outre, les Anglais donnaient chez eux carrière à l'esprit de dénigrement, au langage violent et injurieux dont ils usent volontiers envers l'étranger qui touche à leurs intérêts. Ils présentaient l'honorable concessionnaire du percement de l'Isthme de Suez comme un chercheur de dupes, un spéculateur effronté qui, pour attraper l'argent des niais, ressuscitait de vieux projets reconnus impraticables, irréalisables.

« Il y avait, disaient-ils, une différence de niveau entre les eaux des deux mers qu'on voulait unir, et un courant invincible rendrait l'aller, d'un golfe à l'autre, périlleux et le retour impossible.

« Péluse, mer de boue et de fange, ne pourrait offrir un ancrage et envaserait promptement le canal, si d'ailleurs les sables du désert lui en laissaient le temps, car le premier simoun devait, en quelques heures, effacer même la trace des travaux qu'on accomplirait lentement et à grands frais ; enfin, on ne trouverait jamais l'argent nécessaire à la réalisation de cette folle rêverie, de cette spéculation malhonnête. »

M. de Lesseps voulut avoir raison du mauvais vouloir, des préventions et des calomnies de ses adversaires, et s'appuyer, pour les abattre et les écraser, de l'assentiment de tous les peuples civilisés. Il s'adressa aux hommes de la science et réunit en congrès les ingénieurs les plus habiles de toutes les nations. Il leur soumit ses idées, leur développa ses projets, ses plans. Les savants, comme les hommes pratiques, prononcèrent en sa faveur et donnèrent un corps à ses conceptions un peu vagues et intuitives.

Pour vulgariser ces décisions scientifiques et techniques, M. de Lesseps employa les moyens les plus variés et les plus efficaces. Appels incessants à la presse, publication d'un journal spécial l'*Isthme de Suez*, entièrement consacré à la question du canal égyptien; meetings nombreux en Angleterre et partout ailleurs où la faculté de réunir les masses ne fut pas refusée, débats parlementaires provoqués sous ses inspirations, interventions diplomatiques; les livres, les brochures, la polémique à propos de tout ce qui touchait de près ou de loin à l'Isthme de Suez, rien ne fut négligé de 1856 à 1858 pour triompher de l'inertie ottomane et des passions britanniques.

Tous les hommes intelligents du monde civilisé, qui plus tôt, qui plus tard, accueillirent le projet du percement de l'Isthme; les gouvernements turc et anglais persistèrent seuls dans leur résistance. A la fin de 1858 ils tenaient le même langage qu'au début. Le ministre anglais affirmait que l'opération était immorale, impossible à réaliser, par suite des obstacles naturels et par le manque d'argent qui se détournerait de cette grande mystification ; que si, par impossible, elle entrait dans le domaine des faits, il la déclarait d'avance attentatoire à la liberté ottomane ; ce serait le premier acte de l'émancipation de l'Égypte ou de sa soumission à l'Empire français.

Le grand vizir persistait dans son immobilité : il laissait dormir l'affaire, promettait toujours qu'on verrait plus tard.

Au mois de novembre 1858, comme dernier moyen d'acculer ses adversaires, M. de Lesseps voulut démontrer que l'Europe entière adoptait ses idées et était prête à lui venir en aide. Il résolut de fonder sa Société et de faire appel aux capitaux français et étrangers.

Dans une consultation demandée par le prince Saïd, en mai 1860, à MM. Odilon Barrot, Dufaure et Jules Favre, avocats du barreau de Paris, une plainte sévère a été faite contre M. de Lesseps. — On lui a reproché de nous avoir laissé ignorer que la concession n'était que conditionnelle et que, pour devenir définitive, il fallait l'approbation du sultan.

Voici les termes mêmes de la consultation :

« La première condition à remplir (en ouvrant « la souscription au capital social) était d'avertir « le public dont on sollicitait la confiance, du véri- « table état des choses, afin qu'il sût bien à quoi « il s'engageait et quels risques il consentait à « courir ; il fallait lui dire bien haut, sans aucune « équivoque, que l'entreprise était subordonnée à « la sanction et à l'autorisation du sultan, et que « cette sanction et cette autorisation n'étaient pas « encore accordées.

« On ne peut que regretter que cette marche « n'ait pas été suivie, et M. de Lesseps sait quels

« honorables scrupules il a soulevés en suivant « une marche contraire. Toutes les publications « faites à l'occasion de l'ouverture de la sou- « scription laissaient supposer que tout était réglé « quant à l'autorisation du Canal.

« On s'étonne même de ne pas trouver dans la « copie de la concession, distribuée à tous les cor- « respondants avec les bulletins de souscription, « la clause relative à la ratification du sultan. « Comment expliquer et justifier une pareille « omission ? »

M. de Lesseps a répondu à cette imputation par un démenti absolu. Il a affirmé avoir publié à grand nombre d'exemplaires les deux firmans qui contenaient la réserve de l'approbation de la Porte Ottomane.

Ceci est parfaitement exact, j'ai les deux firmans dans mon carton; mais ce n'est pas, je crois, l'omission de ces actes que personne ne lit, qu'on reprochait à notre président fondateur, c'est plutôt de n'avoir pas noté, signalé la réserve en question, dans les annonces et prospectus, dont nous autres souscripteurs nous acceptions les termes comme paroles d'évangile.

Je veux croire cependant, quoique beaucoup de personnes le nient et que personnellement je ne l'aie pas vu, que les circulaires et les journaux mentionnèrent cette condition de ratification; on n'a pas dû, au reste, la présenter comme bien sérieuse, puisque, dans un acte public du mois dernier, M. de Lesseps déclare *qu'il avait considéré la réserve de ratification du sultan comme purement nominale et inefficace* [1].

Quoi qu'il en soit, et que l'exposé de l'opération offerte au public ait été plus ou moins complet, le succès de la souscription fut ou plutôt parut étourdissant.

Le capital offert était de 200 millions repré-

1. Puisque M. de Lesseps affirme que telle a été son appréciation, je le crois; alors il a eu grand tort de laisser mettre dans le firman de concession du 5 janvier 1856, à la rédaction duquel il a certainement concouru, un article comme celui-ci : « 14. — Nous déclarons solennellement pour nous et nos suc« cesseurs, *sous la réserve de la ratification de Sa Majesté* « *Impériale le Sultan*, le grand canal et les ports en dépendant « ouverts à toujours, etc , etc. »

Il est fâcheux d'employer un langage aussi magnifique, aussi royal, pour notifier au monde des stipulations *purement nominales et inefficaces*.

Dans une sphère plus humble, on qualifie par un mot très-vulgaire (sac à tabac) cette façon de cacher l'inanité des choses sous la pompe des paroles.

sentés par 400,000 actions de 500 francs. Du 5 au 30 novembre 1858, tout était demandé, paraît-il, car la souscription fut close dans les premiers jours de décembre.

On nous dit alors que, sur les 200 millions, moitié était absorbée par les souscripteurs français ; que l'autre moitié était prise par le vice-roi, jusqu'à concurrence de 31 millions, et le surplus par des étrangers.

Ces assertions n'étaient pas tout à fait exactes. La vérité est que M. de Lesseps avait peu ou point de souscripteurs étrangers et qu'il n'avait fait le vice-roi si gros souscripteur que malgré lui. On l'a bien vu depuis. Qu'on interroge d'ailleurs sur ce point les souvenirs de M. Mocquart, notaire, et de M. Rostan, banquier.

Ce qu'il y a de certain, c'est qu'aujourd'hui le vice-roi possède neuf vingtièmes du fonds social, 177,642 actions sur 400,000.

Je ne donne pas ces détails pour en faire des griefs, je veux seulement montrer que dans notre affaire de l'Isthme de Suez on ne nous a pas habitués à une grande régularité.

Et, puisque nous en sommes sur ce chapitre,

je dirai encore que j'ai éprouvé un vif étonnement quand j'ai examiné les statuts sociaux.

On nous avait invités à prendre place dans une SOCIÉTÉ ANONYME *égyptienne* fondée conformément aux lois françaises. C'est ce qu'annonçaient le préambule de la seconde concession et l'article 21 ainsi conçu : « La présente approbation valant autorisation de constitution *dans la forme des Sociétés anonymes*, etc. » On va voir ce que cette promesse avait de sérieux.

On sait ce qu'est chez nous la *Société anonyme*. C'est une Association dans la forme républicaine : le pouvoir dérive du peuple des actionnaires et y réside toujours. Seuls les actionnaires nomment et révoquent les *Administrateurs*, associés ou non associés. Par contre, ces administrateurs n'ont aucune responsabilité vis-à-vis des tiers et des créanciers sociaux.

Il y a une autre société d'actionnaires qui a la forme monarchique, la *Commandite par actions :* à sa tête existent un ou plusieurs chefs absolus, les *Gérants*. Les actionnaires n'ont vis-à-vis d'eux que le droit de remontrances, comme jadis les parlements vis-à-vis des rois. Par compensation, les gérants absolus sont responsables de toutes les dettes sociales.

Or, dans sa Société égyptienne, M. de Lesseps a combiné les deux systèmes; d'après les statuts rédigés par lui, il est maître souverain de l'administration sans qu'on puisse le révoquer; il ne répond d'aucun des engagements sociaux, et cette situation doit durer vingt ans.

Il y aura plus tard un Conseil d'administration, mais, provisoirement, le Conseil est remplacé par une commission nommée par M. de Lesseps tout seul; et nous ne doutons pas qu'il n'ait eu le soin de la choisir parmi ses amis les plus dévoués. Dans la liste actuelle, le nom de Lesseps se reproduit trois ou quatre fois.

Cette commission doit élire elle-même les successeurs de ses membres défaillants ou démissionnaires, et ce provisoire doit durer quinze ans [1].

Je ne vois pas là les conditions essentielles d'une société anonyme; nous avons donc été induits en erreur par l'enseigne.

1. Art. 77, § 4.

Je n'en dirai pas plus long à ce sujet, afin de ne pas m'écarter de ma série de faits.

En même temps que M. de Lesseps faisait appel aux capitaux publics, il s'était déterminé à commencer le canal pour *forcer*, disait-il, *ses adversaires à se démasquer*.

La commission administrative décida qu'on demanderait au vice-roi l'autorisation de continuer les travaux préparatoires commencés par lui et à ses frais.

En mars 1859, M. de Lesseps, accompagné de délégués, présenta cette requête modeste à Saïd-Pacha; mais celui-ci, qui connaissait l'esprit entreprenant de son concessionnaire, pesa scrupuleusement les termes de sa réponse; au lieu de *travaux* qu'on voulait faire autoriser, il ne permit que la continuation des *études* préparatoires.

M. de Lesseps fit néanmoins annoncer, deux mois après, que, le 25 mai 1859, *aurait lieu l'inauguration publique des travaux du percement de l'Isthme*; il publia dans les journaux le procès-verbal de cette brillante cérémonie.

« Le président, y est-il dit, après avoir fait

« déployer à la tête des chantiers le pavillon « égyptien, s'exprima ainsi :

« Au nom de la Compagnie universelle du Canal « de Suez, et en vertu des décisions de son con- « seil d'administration, nous allons donner le « premier coup de pioche sur les terrains qui ou- « vriront l'accès de l'Orient au commerce et à la « civilisation de l'Occident; la commission déclare « en conséquence commencer *les opérations pré- « paratoires* du canal de Suez. »

Ces opérations, c'était le creusement d'un canal de dimensions moindres, qui recevait la qualification de *rigole*, mais qui ne devait pas moins établir une communication directe entre les deux mers.

Le ministre du vice-roi s'empressa d'écrire à M. de Lesseps une lettre dans laquelle il le prévenait que les *études préparatoires* autorisées ne pouvaient servir de prétexte à des *travaux* dont l'exécution était soumise à l'approbation du sultan, et que les opérations annoncées n'avaient en aucune manière le caractère d'*études*.

Quelques jours après, une réclamation venait directement de Constantinople, et même un agent spécial, Sidi-Mouktar, était envoyé par le Divan auprès du vice-roi, pour insister sur l'opposition mise à l'exécution des travaux définitifs.

M. de Lesseps n'obéit pas aux injonctions de la Porte, et, depuis ce temps, il s'établit entre l'autorité du vice-roi et les représentants de la Compagnie, son directeur en tête, un compromis étrange. On exécutait des travaux définitifs, et on employait toutes les raisons imaginables, bonnes et mauvaises, pour attester que c'étaient des opérations, des études *préparatoires*; on en fit, d'avril 1860 à avril 1861, pour 10,830,000 fr.; jusqu'au 30 avril 1862, pour 8,635,000 fr.; pendant l'année suivante, jusqu'au 1er juillet 1863, pour 18,350,000 fr.; ensemble, 37,815,000 fr.

Tout cela pouvait-il se faire sans que le vice-roi le sût? ÉVIDEMMENT NON. Il voulait lui-même la prompte exécution du canal, et il donnait approbation tacite à tout ce qu'on faisait; bien plus, c'est lui qui par la *corvée* procurait les ouvriers nécessaires!

S'il y a eu faute, elle a donc été commune à M. de Lesseps et au vice-roi; ceci n'est pas contestable.

Pendant ces trois années, au point de vue du sultan et de l'Angleterre, la question est restée la même : le premier se contentant de regarder de mauvais œil ce qui se passait chez son vassal; le gouvernement anglais continuant une opposition tracassière, sans dignité, n'osant pas émettre nettement ses prétentions, ni demander ce qui, dans l'intérêt de son empire indien, lui importait réellement, la sécurité des abords.

Au milieu de ces sourdes attaques et de ce mauvais vouloir qui n'osait pas agir, M. de Lesseps poursuivait courageusement son œuvre : par ses demandes incessantes, par les influences dont il savait user, il se maintenait en Égypte, et faisait chaque jour un pas en avant. « A l'aide de « ses recours à l'opinion, de ses appels à la pro- « tection du gouvernement français, des circon- « stances extérieures qui l'ont favorisé, il est « parvenu à suspendre pendant dix ans le refus « définitif de la Porte Ottomane, à neutraliser les « répugnances de cet empire et celle d'un puis- « sant allié, l'Angleterre.

« C'est là le résultat de ses persévérants efforts; « c'est son œuvre, on pourrait dire son honneur. »

J'emprunte ces lignes à la seconde consultation demandée par le nouveau vice-roi, en novembre dernier, à MM. Odilon Barrot, Dufaure et Jules Favre, et j'irai plus loin qu'eux en disant que le labeur surhumain dont nous profiterons (si l'on ne s'écarte pas de l'esprit de modération et de sagesse), c'est la GLOIRE de M. de Lesseps, car c'est la lutte de l'intelligence et de la ténacité contre la puissance absolue et la perfidie.

Cette lutte, M. de Lesseps l'a soutenue avec une très-remarquable persévérance ; mais on peut regretter que ses convictions et ses préoccupations l'aient entraîné à une certaine vivacité de langage, et aussi à un peu de monotonie. A ses yeux le gouvernement anglais est devenu le seul opposant, l'opposant perpétuel, qui doit répondre devant l'histoire des embarras dont nous sommes si douloureusement menacés.

Si la Porte était apathique, c'est que l'Angleterre lui disait de dormir.

Si elle montrait quelque velléité d'agir, l'Angleterre la poussait contre la Compagnie.

Le vice-roi, Saïd-Pacha lui-même, selon M. de

Lesseps, subissait aussi parfois l'influence anglaise.

Les Anglais répondaient de tout, et nous croyons, en vérité, qu'on leur aurait volontiers imputé le vent du désert qui ensablait les travaux et les chaleurs trop brûlantes qui amenaient la dyssenterie parmi les travailleurs.

Nous ne nions pas, nous avons reconnu et constaté la conduite déloyale des ministres anglais et de leurs agents dans toute cette affaire de l'Isthme de Suez; cependant nous ne savons pas s'il faut leur imputer à eux seuls les répugnances de la Turquie. Les instincts du Divan, ses intérêts, pouvaient bien, ce nous semble, expliquer aussi ses résistances à la création d'un nouveau Bosphore; il a bien assez déjà des deux qui sont sous son empire et qui lui ont causé tant de soucis et de tribulations! N'est-il donc pas naturel qu'il accueille avec effroi l'acte de naissance d'un troisième détroit, où le commerce du monde entier va se précipiter? Et s'il en est ainsi, ne vaut-il pas mieux calmer ses appréhensions que de les rendre plus hostiles en les méconnaissant, ou plus inévitables en les mettant au compte des jalousies oppressives de l'Angleterre?

Je sais bien qu'en dénonçant sans cesse les Anglais, M. de Lesseps fait mouvoir un levier très-puissant; car, en France, l'antagonisme contre les gens d'outre-Manche émeut la fibre populaire, et sous ce rapport il semble que, depuis l'Empereur jusqu'à l'ouvrier, nous sommes tous peuple au même degré.

Mais quand un champ de lutte est circonscrit, quand il faut prendre un parti en pleine connaissance de cause, qu'il faut mesurer les forces et les ressources de nos adversaires, laissons de côté le chauvinisme, les fictions plus ou moins habiles, et regardons en face nos véritables antagonistes, sachons à quel point ils sont redoutables.

Nous croyons que tel est aujourd'hui le devoir de la Compagnie et de ses représentants.

Les choses restèrent en l'état que nous avons dit jusqu'à la mort de Saïd-Pacha; elles changèrent lors de l'avénement d'Ismaïl, son successeur.

En prenant le pouvoir, ce prince manifesta de la façon la plus formelle la volonté de pousser à fin l'œuvre entreprise par le vice-roi, mais il voulait en même temps que la situation se dégageât de tous les embarras et de toutes les obscurités qui jusqu'alors avaient rendu le résultat incertain.

Le prince vit le sultan à Constantinople. Je ne prétends pas savoir ce qui se passa dans leurs conférences relativement au canal maritime de Suez; je ne présenterai donc à mes lecteurs que des pièces officielles pour exposer les faits subséquents.

Quand le prince Ismaïl arriva à la vice-royauté, la Compagnie éprouvait quelques embarras pécuniaires; c'était le résultat de la convention faite avec le précédent vice-roi.

Lors de la souscription plus ou moins volontaire de 177,642 actions, il avait été convenu que les 88,821,000 francs, qui en faisaient le montant, seraient payés : 15 millions en bons égyptiens exigibles à longs termes; le surplus, environ 71 millions, par huitièmes pendant les années à courir de 1867 à 1874.

Comme M. de Lesseps avait reçu de tous les autres actionnaires 67 millions seulement pour les trois cinquièmes, l'examen des comptes fait voir qu'à la fin de 1863 l'argent devait manquer.

Un nouvel appel de fonds devenait donc nécessaire; M. de Lesseps en redoutait l'effet. Pour l'éviter, il demanda au prince Saïd d'anticiper les payements de 1867 et 1868. Celui-ci refusa péremptoirement. Il avait mis deux ans à accepter la souscription imprévue que lui avait fait subir M. de Lesseps; il voulait mettre douze ans à la payer.

Lors du voyage qu'il fit à Constantinople après son avénement, le prince Ismaïl apprit qu'il se préparait une note vizirielle sur le percement de l'Isthme, et que cette note prescrirait de graves modifications aux clauses de la concession. Il ne voulut pas que les embarras qui pouvaient en résulter pour la Compagnie vinssent s'aggraver par des inquiétudes financières, et il résolut de faire spontanément ce qui avait été demandé en vain à son prédécesseur. Il annonça ce projet à ses conseillers; il les trouva tous opposés à son exécution.

Il fallait, lui disait-on, réserver ce moyen d'amener la Compagnie à composition, si elle avait la folie de résister aux injonctions de Sa Majesté Impériale le sultan.

Le prince passa outre, et le 20 mars dernier il fit avec M. de Lesseps le traité dont on nous a donné connaissance.

Par cet acte, le compte des sommes dues, et qui n'étaient exigibles en moyenne que dans neuf ans, fut fixé à 35,150,977 fr. 23 c., et le prince s'obligea à les payer à raison de 18 millions par an, à compter de 1864.

Dans le premier moment, M. de Lesseps rendit justice à cet acte généreux; il dit que « si Saïd-« Pacha avait été le créateur de l'entreprise de « Suez, le prince Ismaïl en était le sauveur. »

D'autres difficultés menaçaient encore la Compagnie relativement au canal fluviatile. Le cours d'eau existait à partir d'*Ouady*, et il était nécessaire de le continuer jusqu'au *Caire*; mais, pour l'exécution de ces travaux, on devrait exproprier de nombreux terrains cultivés et bâtis, possédés par des particuliers.

C'était une source d'embarras inextricables; l'arbitraire dont il fallait user vis-à-vis des expropriés semblerait d'autant plus odieux, qu'il allait être exercé par des hommes d'une autre nation et d'une autre religion.

Dès le 18 du même mois de mars, par un autre traité, le prince se chargea d'achever à ses frais le Canal jusqu'au Caire, conformément aux plans arrêtés par la Compagnie.

Cependant, le 12 mai, le *Moniteur universel* publiait la note diplomatique annoncée dès le commencement de l'année. Elle était communiquée par le sultan à ses représentants à Paris et à Londres, et ainsi conçue :

« Le consentement de la Sublime Porte à l'exé-« cution du percement de l'Isthme doit être *indis-« solublement* lié à la solution générale des trois « questions suivantes :

« La stipulation de la neutralité du Canal;

« L'abolition du travail forcé;

« Et l'abandon, par la Compagnie, de la clause « qui concerne les canaux d'eau douce et la con-« cession des terrains environnants. »

Le coup était d'autant plus rude que par cette note la Compagnie n'obtenait pas même l'approbation restreinte de sa concession; le sultan se contentait de faire connaître ce que, en aucun cas, il ne voulait accorder, malgré la concession faite par Saïd-Pacha dix ans avant.

Le prince Ismaïl comprit sans doute combien la situation était fausse : il se hâta d'envoyer à Constantinople son représentant NUBAR-PACHA, et il obtint l'autorisation de traiter directement luimême de l'approbation avec la Compagnie. Il fut entendu qu'une compensation pécuniaire serait offerte pour le rachat des terres et du canal fluviatile; qu'on prendrait, en supprimant les corvées, des mesures pour assurer à la Compagnie un nombre de travailleurs suffisant, sous la seule condition qu'on leur payerait un salaire raisonnable.

C'est alors que le prince adressa à M. de Lesseps la lettre suivante :

« Mon cher monsieur de Lesseps,

« Vous n'ignorez pas qu'à la suite de la lettre « vizirielle que la Sublime Porte m'avait envoyée « au sujet du Canal, j'ai fait faire des démarches à « Constantinople, et qu'elle m'a autorisé à traiter « directement avec la Compagnie pour nous en- « tendre sur les modifications à apporter dans « l'acte concernant la Compagnie, de manière à « enlever les points qui ont jusqu'à présent motivé

« son refus d'autorisation. Vous savez de plus, « mon cher monsieur de Lesseps, que, depuis mon « avénement à la vice-royauté, ce que j'ai cher- « ché, c'est la régularisation de cette grande « affaire. La régulariser, c'est parvenir sûrement « et facilement à son exécution, but que tous deux « nous nous proposons. L'autorisation que j'ai « obtenue de la Sublime Porte de traiter avec la « Compagnie est déjà un acheminement vers cette « régularisation.

« Les objections de la Sublime Porte, ainsi que « vous le savez, portent sur le mode de travail et « sur les terrains.

« Nubar-Pacha est chargé par moi de traiter et « de régler ces questions avec vous. Je suis certain « que l'entente s'établira sans difficulté entre vous, « persuadé que je suis des sentiments de concilia- « tion qui vous animent et du désir que vous par- « tagez avec moi de voir cette grande entreprise « régularisée dans sa marche et à l'abri, dans « l'avenir, de toutes difficultés et de toutes en- « traves.

« La Porte m'a accordé six mois de temps pour « m'entendre avec la Compagnie. Ce délai passé,

« et cela sans entente, *la question doit retourner* « *à Constantinople et sortir de mon pouvoir.*

« J'aime à croire que nous n'arriverons pas là, « car les propositions que Nubar-Pacha est chargé « de vous faire en mon nom concilient, dans mon « opinion, tous les intérêts qui se rattachent à « cette grande œuvre. La Porte, en outre, d'accord « en cela avec l'esprit qui vous a toujours guidé « dès le principe, me charge de faire examiner « les dimensions, profondeur et largeur du canal, « de manière qu'il ne soit purement et simple- « ment qu'une voie commerciale, et non point un « canal où pourraient passer des bâtiments de « guerre. Comme la Compagnie n'a pas encore « fixé elle-même d'une manière définitive les « dimensions du canal maritime, je réserverai « pour la suite l'examen de cette question.

« Agréez, mon cher monsieur de Lesseps, l'ex- « pression de mes sentiments d'amitié.

« *Signé :* ISMAÏL.

« Le Caire, le 18 août 1863. »

Je ne sais si je m'abuse, mais cette lettre pleine

d'urbanité semble en même temps dictée par l'esprit le plus conciliant. Cependant elle fut reçue comme un acte hostile, et l'envoyé du vice-roi s'aperçut bientôt qu'on ne lui préparait pas un meilleur accueil. Il suivit donc les habitudes de la diplomatie, et communiqua, le 12 octobre, les propositions dont il était porteur, par une lettre que voici :

« Paris, 12 octobre 1863.

« Monsieur le président,

« Les propositions que Son Altesse le vice-roi « m'a chargé de faire à la Compagnie, par sa lettre « du 18 août qui m'accrédite auprès de vous, sont « les suivantes :

« Réduction du nombre actuel des ouvriers au « chiffre de 6,000 hommes, le nombre actuel des « contingents étant, sous tous les rapports, préju- « diciable au pays et aux intérêts de l'agriculture. « Ce contingent de 6,000 hommes serait fourni « pour concourir aux travaux d'une manière per- « manente.

« Augmentation du salaire actuel, qui n'est « point rémunérateur : le vice-roi croit juste,

« équitable et nécessaire que ce salaire soit porté « à 2 fr. par jour. Il considère ce chiffre comme « rémunérant le fellah de son travail et de son « absence forcée de son village et de son champ.

« Suppression de la concession des terrains : le « vice-roi offre, comme compensation, de prendre « pour compte de son gouvernement tout le canal « d'eau douce, ainsi que cela a déjà eu lieu pour « la partie du Caire au Ouadi, de rembourser à la « Compagnie les frais qu'elle a faits pour la partie « déjà creusée de ce canal, et de le terminer jus- « qu'à Suez, en se conformant aux dimensions de « largeur et de profondeur établies.

« Ces propositions, monsieur le président, sont « faites dans l'intérêt de l'Égypte aussi bien que « dans celui de la grande entreprise que vous « poursuivez d'accord avec Son Altesse. Ces deux « intérêts n'ont jamais été séparés par le vice-roi, « qui les a toujours considérés comme étroitement « liés ensemble. Veuillez, etc.

« NUBAR. »

Cette lettre fut confirmée par une autre du 25 octobre, qui donnait quelques explications demandées.

Sous tous les rapports, la situation était extrêmement grave : il s'agissait de réviser les statuts en vertu desquels on nous avait appelés à faire partie de la Société; il s'agissait de modifier une concession sur la foi de laquelle on nous avait appelés à verser notre argent. Je crois que c'était bien le cas de nous consulter, de nous convoquer en assemblée générale. Il y avait opportunité de saisir l'opinion publique de la question, de faire connaître à tous les propositions de Son Altesse le vice-roi, de provoquer les observations des personnes qui avaient étudié la question à un titre quelconque.

Au lieu d'agir ainsi, qu'arrive-t-il? M. de Lesseps défère les propositions à notre Conseil d'administration, et ce Conseil improvise une décision qui, avec une roideur de formes que rien ne motivait, rejette dédaigneusement les propositions.

J'ai dit *notre Conseil*, parce qu'en présence des statuts je ne saurais lui refuser ce titre; mais il me sera permis, cependant, de faire remarquer que la constitution de ce Conseil diffère de celle admise dans les Sociétés anonymes françaises. Ordinairement, chez nous, pour qu'il y ait Conseil d'administration dans une société anonyme, il faut qu'il y ait nomination, élection des membres de ce Conseil par les actionnaires, qui seuls composent réellement la Société ; les directeurs, les administrateurs et leur président même, n'ayant qu'un pouvoir délégué et pouvant ne pas posséder une seule action.

Pour motiver l'appréciation que je fais et que je ferai de la décision, il me suffirait de la copier ; mais elle est extrêmement longue et cette lettre deviendrait un gros volume ; et puis elle n'est pas difficile à trouver, tous les journaux l'ont publiée, et la Compagnie la donne volontiers à qui la demande.

Je suppose donc qu'on la connaît, et je trouve qu'elle pèche *par la forme*, en ce que, répondant à des propositions transmises par lettres, il n'y avait pas lieu de les repousser, en disant comme une cour souveraine qui malmène un justiciable :

Considérant... considérant... considérant...

Par ces motifs,

Le Conseil décide, etc.

Et charge Monsieur le Président de maintenir

l'exécution des conventions qui lient le gouvernement égyptien.

On nous laisse ignorer si cette décision, quasi judiciaire, aura en Égypte exécution parée de par le vice-roi et le sultan ; ou si c'est Sa Majesté l'empereur Napoléon III qui y mettra la formule exécutoire, en prescrivant à ses armées et à ses flottes *d'y prêter main-forte !*

Je trouve aussi qu'en raisonnant sur les actes de Son Altesse le vice-roi, le Conseil se montre peu respectueux, discourtois même. On le traite tout au plus comme un égal. On oublie que pour nous le respect à son égard est de devoir étroit, et dans tous les cas de convenance, car nous sommes ***Société égyptienne.*** Nous ajouterons que la déférence et la courtoisie sont, au cas actuel, de bonne habileté ; car, si on croit que le vice-roi ne peut rien contre nous (ce dont je doute), on est bien obligé de reconnaître, et on a éprouvé il y a quelques mois, qu'il peut beaucoup en notre faveur.

Quant au fond de la décision, la logique semble n'avoir rien à reprendre ni dans ses motifs ni dans son dispositif ; tout s'enchaîne et conclut selon les règles. Malheureusement, la base nous paraît moins solide, M. de Lesseps et son conseil privé ne se préoccupent même pas de la question qui domine toutes les autres : ils raisonnent comme si le gouvernement égyptien, après avoir fait avec nous un contrat définitif, et l'avoir exécuté sans réserve pendant plusieurs années, avait aujourd'hui, par un revirement subit, la fantaisie de s'y soustraire et de le modifier.

Or, si nous en croyons le gouvernement égyptien, et aussi, il faut le reconnaître, les termes du contrat lui-même, la situation serait tout autre.

Le vice-roi nous a donné une concession, mais il y a mis la condition qu'il y aurait approbation de la part d'une autorité qui est supérieure et à lui et à nous, de l'Empereur de Turquie.

Plus tard, sans avoir obtenu l'approbation de notre commun souverain (n'oubliez pas que nous sommes Société égyptienne), nous avons tous, et la Compagnie et le vice-roi, commis de concert l'imprudence de nous engager très-loin dans les travaux, espérant toujours une approbation pure et simple.

Mais voilà que tout à coup le sultan notifie son

refus de ratifier la concession si on ne la soumet à certaines restrictions et à certaines conditions déterminées.

C'est un événement dont il faut tenir compte, puisqu'il ne va à rien moins qu'à ruiner toute notre affaire.

Eh bien, la décision du Conseil ne fait pas même allusion à ce refus du sultan.

Elle le considère comme non avenu; elle somme en quelque sorte le vice-roi de tenir ce refus pour une lettre morte!

On comprend qu'une pareille décision devait produire un grand émoi; et, si tel était son but, elle l'a complétement atteint; elle a provoqué une nouvelle consultation des avocats du vice-roi; elle a donné naissance à une polémique irritante, dans laquelle personne n'a songé à nos intérêts, et M. de Lesseps s'est laissé entraîner jusqu'à attaquer et faire attaquer l'envoyé de ce même vice-roi, qui, il y a quelques mois, rendait à notre Société les services les plus signalés, qui en était proclamé le sauveur. Les choses en sont arrivées à ce point que *notre Compagnie égyptienne* assigne aujourd'hui l'envoyé du vice-roi d'Égypte en TROIS CENT MILLE FRANCS de dommages-intérêts, parce que, comme représentant d'un souverain qui ne se plaint pas ni ne le désavoue, mais bien au contraire approuve hautement sa conduite, il aurait donné de faux renseignements aux avocats consultants de son maître.

Dans un pareil conflit, où est la modération? C'est ce qu'il est inutile de faire ressortir.

Où est le droit? C'est ce que dira l'avenir.

Quel est le danger? C'est que sentent tous ceux qui, comme moi, ont leurs intérêts engagés dans l'entreprise.

Mais comment, dans une Société anonyme et en de telles circonstances, des mesures aussi graves, des décisions aussi extrêmes peuvent-elles être prises sans consulter les actionnaires, dont elles mettent en question l'avoir tout entier? Assurément, personne ne le comprendra, en dehors de ce Conseil d'administration que nous n'avons pas nommé, que nous ne pouvons pas révoquer, et qui dispose si lestement de notre chose et de nous-mêmes!

Actionnaire, j'ai pris, avec quelques-uns de mes coïntéressés, une initiative que commandait notre entreprise menacée et une urgence manifeste; j'ai cru que notre droit de parler et de décider était par trop méconnu, et qu'au milieu de cette agitation, à laquelle on donne si complaisamment les proportions d'une lutte internationale, nous étions, à tort, oubliés. J'ai cru que la nouvelle question d'Orient, dont on voudrait faire à notre Compagnie le dangereux honneur d'être le pivot, ne devait pas étouffer toute préoccupation de nos intérêts légitimes, et que, s'agissant de nous, nous avions voix au chapitre; j'ai donc fait savoir à l'un des membres du Conseil qu'il paraissait convenable, à certains actionnaires, de convoquer l'Assemblée générale et de demander son avis, bien qu'un peu tardivement, sur la solution des questions qui s'agitent.

La réponse a été que l'Assemblée était bonne pour approuver les comptes; qu'elle ne pouvait comprendre les questions ardues qu'il s'agissait de résoudre.

J'ai pensé qu'on avait toujours assez d'esprit pour défendre son argent; je me suis concerté avec quelques actionnaires qui ont bien voulu contribuer aux frais et j'ai assigné M. de Lesseps devant le tribunal de commerce, au 23 décembre, pour qu'on lui prescrivît de convoquer l'Assemblée générale.

Je vous dirai quelques mots des petites tracasseries que cette témérité grande m'a déjà values.

Quand je me suis présenté pour faire fixer le jour de la plaidoirie, le représentant de M. de Lesseps a bruyamment insisté pour plaider tout de suite; il voyait que mon avocat (malade et au lit) n'était pas là, et il insistait beaucoup pour parler tout seul.

Le tribunal a fixé la plaidoirie à quatre jours.

M. de Lesseps a voulu tirer parti de cet incident; il a rédigé et a envoyé, à tous les journaux qui insèrent habituellement ses publications, une note pour signaler ma demande comme une manœuvre *antinationale*; elle disait aussi qu'*il n'existait aucun débat entre le vice-roi et la Compagnie.*

Au jour fixé, lundi 27, je suis venu avec mon avocat, M. Nicolet; mais avant d'entrer dans la salle d'audience nous apprenions du représentant de M. de Lesseps que la convocation était résolue depuis le 22, qu'elle était même dans *le*

Moniteur du jour, et qu'ainsi il n'y avait pas lieu de plaider.

Je pourrais demander pourquoi on avait fait dépense de tant de bruit et d'indignation le 23 contre une demande à laquelle on donnait satisfaction le 27, et à laquelle on avait, dit-on, adhéré le 22?

Ceci importe peu; ce qui importe, c'est que l'Assemblée générale des actionnaires est convoquée pour le 1er mars, et qu'on lui demandera sans doute si elle trouve bonne la situation de notre Société dans l'impasse où on l'a placée; quelles mesures elle croira devoir adopter pour en sortir.

Comme je l'ai déjà dit, voici cette situation.

Nous avons la concession des travaux du canal maritime de l'Isthme de Suez, sous condition que le sultan la ratifiera.

Depuis 1859, nous exécutons les travaux sans avoir obtenu la ratification. Nous nous sommes mis dans la position d'un propriétaire de terrains à Paris qui bâtirait sans avoir obtenu l'autorisation de la Ville : on peut en quelques jours, et par voie de justice sommaire, lui faire abattre sa maison.

Le représentant du vice-roi est venu à nous pour régulariser les choses. Et, il faut le bien constater, en donnant ses pouvoirs à Nubar-Pacha le prince lui déléguait et la puissance qui réside en sa personne, et celle qu'il tient du mandat spécial qu'il a lui-même reçu du Divan pour arriver à une solution.

Avec cette double autorité, Nubar-Pacha nous a communiqué les conditions que le sultan a officiellement mises à la ratification refusée dès l'origine ; ces conditions, notre Conseil les repousse, c'est-à-dire qu'il refuse d'assurer à notre concession la sécurité du caractère définitif ; qu'il préfère rester dans un inquiétant provisoire, courir les aventures et provoquer peut-être un déni absolu de ratification, qui serait la ruine de notre grande entreprise.

Qui ne voit le danger d'une telle résistance et de la forme dans laquelle elle se produit ?

Il est bon de porter haut le sentiment de sa nationalité, et le titre de Français nous inspire assurément une juste fierté ; mais il faut bien admettre que les souverains étrangers peuvent avoir aussi, pour leur pouvoir, des susceptibilités légitimes, et qu'on ne peut les blesser et les braver sans courir quelques risques.

Notre Compagnie n'est pas en France, elle est en Égypte; et, en Égypte, le vice-roi est chez lui, et aussi un peu son suzerain le sultan. Ils peuvent donc répondre au refus de M. de Lesseps et de son Conseil privé, par telle mesure qui nous serait singulièrement sensible. Les travaux peuvent être arrêtés, nos agents expulsés! Il n'en faut même pas tant pour tuer l'entreprise; il suffit que le gouvernement égyptien s'en tienne à l'inertie d'une attitude passive; le jour où il ne fournira plus les corvées de fellahs, la question sera tranchée en fait.

J'entends bien qu'un droit certain peut ne pas s'incliner devant la brutalité du fait, et que la résistance, même au prix de la ruine, est dans le tempérament des natures généreuses.

Mais, d'une part, M. de Lesseps et son Conseil auraient dû, ce me semble, nous laisser l'initiative de notre propre sacrifice, et, d'autre part, je me demande si nous avons pour nous ce *droit certain*, qui prête à la résistance sa force et sa dignité. Je vois bien que le Conseil l'affirme, et je vois aussi que les plus hautes autorités en matière de jurisprudence affirment le contraire. Je vois que les uns repoussent toute transaction comme une abdication honteuse, tandis que les autres la conseillent comme une mesure de salut nécessaire.

Dans ce conflit d'opinions diamétralement opposées, je sens que nous courons risque de périr sans avoir pu étudier, délibérer, et nous décider enfin sur une question qui nous intéresse plus que tous ceux qui s'en mêlent.

Essayons cependant de prévoir ce qui doit se passer dans notre prochaine réunion.

Nous savons déjà ce que nous diront M. de Lesseps et ses adhérents ; ils affirmeront :

« Que la ratification du sultan n'était pas
« nécessaire ;

« Que la réserver, c'était introduire une clause
« purement comminatoire, c'est-à-dire dénuée
« de toute portée et de toute sanction ;

« Que ce sont les Anglais qui veulent faire
« aujourd'hui de ce fantôme une réalité, pour
« empêcher que le canal maritime de Suez ne
« s'exécute par la France, sauf, si nous sommes

« dépossédés, à prendre immédiatement notre « place;

« Que les modifications proposées à l'acte de « concession et aux traités qui en ont été la « conséquence sont attentatoires à nos droits ir- « révocables, et ruineuses pour notre Compagnie;

« Que les CORVÉES existent de temps immémo- « rial en Égypte pour les grands travaux; que les « pyramides de Giseh ont certainement été bâties « de cette manière; que l'Égypte ne fait rien de « plus en faveur de notre Compagnie qu'elle n'a « fait pour les nombreuses entreprises d'utilité « publique, réalisées depuis trente ans;

« Que les fellahs recrutés sont traités avec « douceur et indulgence; qu'ils sont bien payés, « bien nourris, bien soignés dans leurs maladies;

« Que les chantiers de la Compagnie sont pour « leur travail une ressource heureuse, et qu'en « retournant dans leurs familles ils y répandent « l'aisance par leurs salaires accumulés.

« Quant aux terrains et au canal fluviatile, ce « sont des sources inépuisables de richesses. Avec « l'eau du Nil et la terre, quelle qu'elle soit, « l'Égypte produit toujours et donne les plus

« belles récoltes. En dix années, tous les espaces « concédés par le vice-roi seront devenus des « terres de première classe.

« Enfin, toutes ces difficultés, qui assaillent « aujourd'hui la Compagnie, sont le résultat de « L'INTRIGUE ANGLAISE qui, soit occulte, soit pa- « tente, nous poursuit depuis le premier jour, « depuis dix ans bientôt.

« C'est parce que les Anglais veulent conserver « seuls le commerce de l'Orient, à l'aide de leur « formidable marine, qu'ils se sont opposés par « tous les moyens possibles, même par les moins « honnêtes, à la création de la route facile « qu'offrira au monde entier le canal maritime « de Suez.

« *La note vizirielle* du 20 mai, c'est le triomphe « de l'INTRIGUE ANGLAISE.

« *Nubar-Pacha*, c'est un agent de l'Angleterre.

« Les consultations de MM. Dufaure et autres, « c'est l'or anglais qui les a payées.

« Les journaux qui n'acclament pas M. de « Lesseps, toutes les personnes qui disent autre- « ment que lui, même ceux qui supposent qu'il « peut se tromper : tous, y compris le signataire

« de cette lettre, sont des traîtres soudoyés par le « ministère Palmerston. Notre devoir, notre in- « stinct de conservation nous obligent à résister « jusqu'à la mort à ces *attaques antinationales*, « qui ne cesseront qu'après notre destruction « complète, etc., etc. »

Si je crois ce qui se dit autour de moi, on ne manquera pas de répondre à toutes ces allégations dont M. de Lesseps ne se fait pas faute depuis longtemps et dans la presse, et dans son journal spécial l'*Isthme de Suez*, et même dans ses rapports officiels.

Je dis que les réponses ne manqueront pas, parce que je suppose que les choses se passeront autrement, en l'état de crise auquel il nous faut pourvoir, que dans les anciennes assemblées, qui se sont réduites à des monologues, toute velléité d'observation chez un actionnaire ayant toujours été étouffée ; de telle sorte que les procès-verbaux de nos assemblées, qui feraient la valeur d'un volume in-octavo, ne contiennent pas dix phrases qui soient sorties d'une autre bouche que de celle de M. le Président-fondateur, ou des membres de son conseil.

Supposant donc que M. de Lesseps comprendra qu'il est temps que les actionnaires traitent eux-mêmes de leur Société et de leur entreprise, voici quels sont les objets qui appelleront évidemment notre attention :

§ 1er. — RATIFICATION.

De savoir si la ratification du sultan était ou n'était pas nécessaire, c'est une question qui me semble facile à apprécier.

Ce qui me frappe, quant à moi, c'est que cette obligation de faire ratifier est écrite cinq ou six fois dans les firmans de concession et dans leurs annexes ;

C'est que, quand nous avons voulu agir comme si elle n'existait pas, le sultan et le vice-roi nous en ont rappelé la valeur et la nécessité ;

Que les actes un peu aventureux auxquels nous nous sommes livrés, malgré l'état provisoire dans lequel nous nous trouvions, sont des fautes communes à nous et au prince Saïd, mais qu'elles n'altèrent en rien les droits du sultan et du vice-roi actuel.

On m'objectera peut-être que ce que je dis là est nuisible à la Compagnie et qu'il vaut mieux le taire. Je ne le crois pas, et je crois au contraire que ce qu'il y a de plus nuisible, c'est de s'abuser sur son droit réel.

Je le répète, ceci est une question de bon sens, les pièces nécessaires pour la résoudre sont dans la main de tout le monde, notre Assemblée sera en mesure de se prononcer.

En sera-t-il de même sur l'opportunité d'accepter les deux conditions que le sultan met à sa ratification, c'est-à-dire à l'abolition des *corvées* et à l'abandon des *terrains?* Non, certes, et je vais dire pourquoi.

§ 2. — LES CORVÉES.

Si je dois me fier aux récits de plusieurs voyageurs, nouveaux-venus d'Égypte, et si ces récits se produisent à l'Assemblée, nous nous trouverons dans une grande perplexité entre les assertions très-respectables de notre Président et les témoignages graves qui les contredisent. Voici, en peu de mots, le résumé des déclarations recueillies.

La *corvée* est une des plaies d'Égypte, et dans certains cas elle est une nécessité.

Dans ce pays, dont l'existence est livrée aux caprices d'un fleuve, il faut bien, quand ce fleuve se déchaîne, enlève ses digues, atteint des hauteurs inaccoutumées, comble et détruit les canaux, il faut bien qu'on fasse appel à toutes les forces, à tous les bras pour combattre le fléau qui peut amener la famine et la peste, pour dompter le fleuve, réparer ou prévenir immédiatement les désastres.

Alors donc que le Nil déborde avec trop de violence, on requiert le travail de tous et on ne songe pas à le payer; c'est la loi du salut public qui règne en Égypte, comme elle règne chez nous en cas d'incendie, alors qu'on arrête les passants et qu'on appelle le voisinage pour faire la chaîne.

Mais comme on abuse de tout, et plus facilement dans un pays tel que l'Égypte, où la police, l'administration, la législation, sont à l'état de rudiments, on s'est habitué à faire faire par réquisition forcée d'autres travaux d'utilité publique et même d'utilité privée[1]; les populations en ont gémi, et le sultan, au Congrès de Paris, en 1856, a dû mettre au nombre des réformes qu'il a pro-

1. M. de Lesseps a allégué plus d'une fois et la *décision* du Conseil répète « que la Compagnie paye les fellahs qui travaillent « pour elle, plus cher que ne les payent le vice-roi et les proprié- « taires égyptiens. »

Voici l'explication qui m'est fournie à cet égard par l'un des voyageurs que j'ai consultés et que je crois bien informé :

Le fellah qui travaille pour le vice-roi ou pour un propriétaire, reçoit en effet deux piastres seulement (50 centimes), mais ce n'est pas l'unique salaire de sa journée. Ces deux piastres sont, à proprement parler, un complément de salaire ou une indemnité.

La culture est organisée en Égypte à peu près comme en Russie.

Tout propriétaire de terrains abandonne la jouissance d'une moitié de ses domaines aux fellahs ou habitants du village sur le territoire duquel ils sont situés, à charge par ceux-ci de cultiver à son profit la moitié qu'il s'est réservée.

Chaque cultivateur laboure donc pour lui, et sans payer ni rente ni fermage, la portion de terre qui lui est attribuée; puis, quand il travaille sous les ordres et sur la portion du propriétaire; comme on estime que ce travail vaut réellement plus que la rente ou le fermage dont on l'a dispensé, on lui paye un supplément ou indemnité de deux piastres par journée.

Ainsi, le profit que le fellah recueille pour les travaux consacrés au propriétaire se compose : 1° de la rente qu'il ne paye pas pour le terrain dont il jouit; 2° des indemnités reçues pour les journées employées chez le propriétaire.

La situation est la même quand le fellah travaille pour le vice-roi.

Au contraire, quand le fellah est recruté par la Compagnie, il ne gagne que ses deux ou trois piastres, et il voyage à ses frais pour aller à l'Isthme et en revenir.

mulguées pour tout son empire l'abolition du travail forcé.

C'est cet abus, aboli par le chef de l'islamisme. que le prince Saïd a ressuscité en grand au profit de la Compagnie, et il s'exerce, au dire de beaucoup, dans des conditions ruineuses pour l'Égypte, accablantes pour la population des cultivateurs égyptiens, que chez nous on appellerait des paysans, et qui là-bas sont les *fellahs.*

Quelques détails vont faire juger, ajoute-t-on, cet odieux impôt.

Le recrutement a lieu tous les mois : il est de 20,000 hommes sur une population de 4 millions d'âmes. Comme, en déduisant les femmes, les enfants et les vieillards incapables de travail, il faut fixer au quart le nombre des hommes valides, c'est 2 pour 100 de la population des travailleurs d'Égypte qui sont arrachés chaque mois à leur famille.

Ceci se renouvelle douze fois : ainsi il y a chaque année 24 pour 100, près du quart, des laboureurs valides, qui ont été détournés de leurs travaux, et qui la plupart se ressentent longtemps des labeurs excessifs qu'on leur a imposés et des traitements qu'ils ont subis. Qu'on juge ce qu'un pareil système, appliqué pendant des années, peut apporter de perturbation chez un peuple qui n'est qu'agriculteur !

Le temps de l'absence de chaque laboureur peut être fixé à deux mois ; il travaille pendant un mois, mais il lui faut venir de son village et y retourner. On connaît la configuration de l'Égypte : l'Isthme de Suez étant situé à l'extrémité nord, dans un désert de sable qu'il est nécessaire de traverser, il faut en moyenne douze ou quinze jours pour préparer les départs, former le contingent de chaque localité et transporter les masses de travailleurs sur les ateliers ; puis il faudra huit ou dix jours pour le retour.

Les transports ne sont pas aux frais de la Compagnie : elle attend sur les travaux la livraison du bétail humain, pour libérer le troupeau du mois précédent. C'est le gouvernement égyptien qui a la charge du mouvement.

Selon que les fellahs sont plus ou moins disposés à se laisser conduire, le voyage est pour eux plus ou moins rude. Souvent il faut les attacher les uns aux autres par le cou, avec des cordes, avec des perches de bois; on fait aussi usage des menottes.

Les frais de nourriture pendant le trajet regardent les fellahs; ils emportent leur pain, leur fromage, leur boutargue[1] et leur tabac, de telle sorte que, outre leur personne, ils transportent un fardeau.

Malgré les précautions prises, le contingent arrive toujours incomplet; il n'y a jamais plus de 13 à 14,000 hommes qui travaillent pour la Compagnie. C'est de un tiers à un quart de non-valeurs.

Il est vrai qu'il faut compter dans le nombre les fellahs qui ne peuvent se plier à la discipline de l'Isthme. Là, les piqueurs, les contre-maîtres, les surveillants sont Français, mais les fellahs sont dirigés par leurs beys, qui usent largement du courbag.

Les outils des travailleurs consistent dans une petite pioche et un couffin ou panier de feuilles de palmier, dans lequel ils mettent la terre qu'ils

1. Œufs de muge (poisson de la Méditerranée) séchés et fumés, dont on fait une consommation considérable en Égypte.

ont excavée, pour la porter à dos au lieu où on doit l'amonceler.

Tous les ouvriers sont à la tâche. Ils doivent, dans leur mois, extraire et transporter trente mètres cubes de terre. La plus facile à travailler se paye 2 piastres le mètre cube, c'est-à-dire 50 centimes. Ainsi le fellah gagne 15 francs en un mois.

La Compagnie l'abreuve, elle lui fournit de l'eau, chose précieuse dans le désert; mais elle lui vend son biscuit et augmente le prix, souvent d'une façon arbitraire, selon qu'elle en trouve le débit. Il y a de petites spéculations qui compromettent le nom de la France. Le fellah dépense ses 2 piastres par jour pour se nourrir tout juste.

De même qu'il a fourni ses vivres pendant le voyage d'arrivée, il les fournira pendant le voyage de retour, en tout, vingt-cinq jours durant.

Ainsi, d'après ce qu'on me certifie, voilà un malheureux qui nous a, un mois durant, consacré ses sueurs, et elles sont abondantes sous le soleil du désert; qui a parcouru en moyenne trois cents lieues pour notre service; et nous, chrétiens, nous, hommes civilisés, nous renvoyons ce pauvre barbare, dont nous avons fait notre esclave pendant quatre semaines, avec une perte équivalente à sa subsistance d'un mois.

En vérité, je ne puis le croire, et, s'il me fallait accepter ce récit comme vrai, je rougirais de l'obole qui me revient dans les millions ainsi économisés.

Sous le coup de l'émotion que ce spectacle me fait éprouver, je sens le besoin de dire que je veux croire qu'il n'est pas exact, car je n'ai pas vu moi-même ces choses. Elles me semblent tellement odieuses, que je ne les croirai pas sans preuve, et je ne les raconterais pas publiquement, si je ne devais pas vous proposer tout à l'heure un moyen sûr de connaître la vérité.

Peut-être mettrais-je à une épreuve difficile les sentiments d'humanité de mes coactionnaires, si je leur disais qu'il faut renoncer aux corvées, sans compensation; mais vous savez celle qui nous est proposée par le vice-roi.

Il nous offre *d'organiser une armée permanente de six mille travailleurs*, engagés et disciplinés comme pour le service militaire. Cette armée serait consacrée au service de la Compagnie jusqu'à l'achèvement des travaux.

Il est vrai que, si nous en croyons le Conseil, il nous faudra, avec ce moyen, cinq années au lieu de trois pour terminer le Canal maritime.

Mais, si nous en croyons d'autres personnes fort compétentes, elles nous disent que ces six mille hommes feront plus de travail utile que le nombre double ou triple employé en ce moment par la Compagnie. En effet, elle aura des hommes expérimentés, dont le terrassement deviendra la profession, et elle pourra leur donner les outils perfectionnés qu'on emploie en France, en Angleterre et en Belgique; elle parviendra à en faire des ouvriers qui vaudront ceux de France, et, en les payant trois ou quatre fois plus cher, elle n'y perdra pas, car ils feront trois ou quatre fois plus de besogne.

Si ces derniers renseignements sont exacts, nos intérêts ne seront donc nullement compromis par cette mesure. Le sont-ils, ou les appréciations du Conseil doivent-elles être préférées? Voilà ce que, quant à présent, il est impossible de décider.

§ 3. — LES TERRAINS.

Les terres, ou plutôt les sables qui bordent le canal fluviatile, terres qui nous ont été données depuis 1854 par le vice-roi Saïd, peuvent-elles être facilement fertilisées?

En s'opposant à l'effet de cette donation, le sultan nous causerait-il un grand préjudice?

Il en est qui pensent qu'en ne nous permettant pas l'immense entreprise de culture qu'avait rêvée notre Président, le sultan nous rendra plutôt service qu'il ne nous fera tort; car, d'après le rapport de personnes qui ont vu les lieux, d'après les renseignements qu'elles ont pris auprès de ceux qui ont fait de pareilles tentatives, on ne nous a donné que des sables rebelles à toute culture actuelle, peut-être même à toute fertilisation. Il faudrait sacrifier des sommes folles, jusqu'à 500 francs par hectare; prodiguer la vie des hommes, pour obtenir, après trente ans et plus, des terres à orge, qui ne pourraient devenir meilleures qu'après des siècles de nouveaux sacrifices.

Il y a des exemples en Égypte et ailleurs de ce

qu'on gagne à lutter ainsi contre la nature.

Ibrahim-Pacha, le père du vice-roi, a voulu, en 1834, à Coubbé, aux portes du Caire, transformer le désert en terres cultivables. Lui et ses successeurs n'ont rien négligé pour réussir; les bras, l'argent ont été prodigués, et aujourd'hui le domaine de Coubbé est sans aucune valeur; si on le vendait, on n'en aurait pas vingt piastres l'hectare, c'est-à-dire cent sous.

La *Compagnie de l'Èbre* a fait pareille tentative en Espagne; elle a échoué faute de bras, malgré le voisinage d'un fleuve limoneux. La même pénurie nous attend en Égypte.

Et puis, pourquoi chercher à donner des terres cultivables à l'Égypte? Elle en a d'excellentes sur les bords du Nil, sillonnées de canaux, fécondées par le fleuve depuis des dizaines de siècles. Eh bien, plus de 2 millions d'hectares ne produisent rien que de l'herbe, faute de bras, faute de laboureurs. Si nous voulons des terres en Égypte, prenons-les toutes faites et ne cherchons pas à en fabriquer.

Encore une autre preuve, et celle-là est toute récente.

Peu de temps avant la mort du prince Saïd, dans le Delta même, la contrée la plus fertile de la fertile Égypte, aux environs d'Alexandrie, des terrains considérables et en bon état ont été mis aux enchères; le prix d'adjudication n'a pas atteint 150 piastres l'hectare, c'est-à-dire 37 fr. 50 c.

Si ces renseignements sont vrais, et si d'un autre côté, comme on l'assure, le représentant du sultan et du vice-roi est disposé à nous offrir, et pour le canal fluviatile et pour les terres, une ample compensation pécuniaire, il me semblerait rationnel de l'accepter et de concentrer tous nos efforts et toutes nos ressources pour terminer rapidement le canal maritime qui est le principal objet de notre Société et qui devrait peut-être être son but unique.

§ 4. — L'INTRIGUE ANGLAISE.

Je ne pense pas que l'Assemblée générale s'occupe de *l'intrigue anglaise.* Jusqu'à présent, M. de Lesseps en a beaucoup parlé; mais ses protestations, ses indignations auxquelles, comme beaucoup d'autres, j'ai pu m'associer, ne m'inspirent, quant à présent, que les très-simples réflexions que je soumets à votre jugement.

Si *l'intrigue anglaise* a pu dicter les conditions du sultan et du vice-roi, si tel était son but unique, il faut avouer qu'elle a déployé de bien grands efforts pour conquérir peu de choses. En ce cas, l'*intrigue anglaise* serait triomphante, il nous faudrait accepter les faits consommés, et nous aurions à examiner dans quelle mesure ces conditions blessent nos intérêts ; s'il convient de résister ou de traiter.

Si, au contraire, comme je le pense, les Anglais voulaient faire obstacle à la construction du canal maritime, *l'intrigue anglaise* est battue, car la note vizirielle dit précisément, et le représentant temporaire du sultan confirme que moyennant les conditions sus-indiquées *le canal maritime doit se faire.*

Quant à ces conditions, elles importent bien peu à *l'intrigue anglaise.* Que lui fait que le canal d'eau douce, qui ne sert qu'au commerce intérieur, soit possédé par notre Compagnie ainsi que les terres environnantes, ou que le gouvernement d'Égypte veuille en redevenir le propriétaire? En quoi cela touche-t-il l'Angleterre?

Peu lui fait, puisque le canal maritime s'exécute, qu'au lieu d'employer pour le creuser douze mille fellahs recrutés de force qu'on paye mal et qui travaillent fort mal, notre Compagnie possède six mille travailleurs disciplinés, le résultat devant être le même.

Je n'insiste pas sur ces considérations générales, je ne recherche pas quels sont les véritables désirs du sultan relativement à l'Égypte; s'il souhaite ou s'il craint de lui voir atteindre un haut degré de prospérité; s'il redoute plus ou moins la création d'un troisième détroit dans l'empire turc. Tout cela est au-dessus de nos visées, et, comme on nous l'a dit plus d'une fois, Compagnie industrielle, nous devons nous occuper de nos intérêts et point de politique.

Dans cet ordre d'idées, le seul bon à adopter, il me semble que nous allons arriver à l'Assemblée sans connaître les points qui nous intéressent le plus; ces points les voici :

1° Devons-nous souhaiter, comme chrétiens, comme amis de l'humanité, la suppression des corvées?

2° Si c'est injustement que ce travail forcé est peint sous de noires couleurs, la Compagnie aurait-elle néanmoins avantage à remplacer les corvées par une armée permanente de six mille travailleurs?

3° Que valent comme terres arables les bords du canal d'eau douce qui nous sont concédés?

4° Peut-on les fertiliser? Avec quelles dépenses? En quel temps?

5° Dans le cas où on nous les reprendrait, ainsi que le canal fluviatile, à quelle indemnité aurions-nous droit?

Si toutes ces questions ne sont pas éclaircies et instruites avant l'Assemblée, il y a lieu de craindre que nous ne puissions rien arrêter; car nous serons placés entre des allégations contraires, et, dans ce cas, comment se résoudre? En bonne logique, nous ne pourrons aboutir qu'à des mesures préparatoires, c'est-à-dire à l'envoi de commissaires en Égypte.

Si nous agissons ainsi, la Commission procédera à son installation, à son départ, à ses opérations, à la rédaction de son rapport, avec la lenteur inséparable des commissions officielles. Nous avons donc la perspective de trois ou quatre mois perdus, et, pendant ce temps, notre Société sera exposée à des éventualités effrayantes : le sultan peut se lasser, il peut ramener l'affaire à Constantinople, et nous aurons plus à craindre de lui, qui voit de mauvais œil le percement de l'Isthme, que du prince Ismaïl, qui y met sa gloire.

Je viens donc vous proposer à vous tous, associés comme moi ; à vous, qui songez au salut de vos capitaux engagés dans cette affaire épineuse, de faire nous-mêmes, avant l'Assemblée, c'est-à-dire avant la fin de février, ce que nous serons certainement amenés à faire après nos délibérations.

Je propose de nous réunir et de nommer une Commission qui se rendra en Égypte à nos frais, qui verra par ses yeux tout ce qui nous intéresse, qui interrogera tous ceux qui peuvent nous éclairer et qui, le 1er mars, nous remettra un rapport que nous lirons à l'Assemblée générale.

Ce rapport d'hommes désintéressés et éclairés fixera nos doutes et manifestera la vérité.

Afin de subvenir aux dépenses de cette enquête, il nous suffira de verser chacun *vingt-cinq centimes par action.*

Pour faire réussir cette idée, je demande le concours de tous ceux qui veulent le salut de notre Compagnie.

Je me contenterai, en ce moment, de leur assentiment écrit.

Aussitôt que leur nombre atteindra un chiffre suffisant, un Comité d'hommes honorables, dont les noms présenteront toute garantie, organisera la souscription, fera opérer les versements chez un banquier et, avec le concours des souscripteurs, désignera les commissaires.

Pour que rien n'entrave l'exécution de ce projet, je veux m'y consacrer tout entier pendant le temps nécessaire.

Je crée, dès aujourd'hui, un bureau spécial pour le syndicat des actionnaires de notre Compagnie, et je serai prêt chaque jour à recueillir leurs signatures et à entrer en communication avec eux, de midi à quatre heures.

Agréez, messieurs, mes salutations.

E. SALLIOR,

Rue de l'Université, n° 12.

Paris, le 18 janvier 1863.

PARIS. — IMPRIMERIE DE J. CLAYE, RUE SAINT-BENOIT, 7.

BIBLIOTHÈQUE IMPÉRIALE IMPR.

FIRMIN DIDOT & Ce, LIBRAIRES DE L'INSTITUT
Rue Jacob, 56

LES CHEVAUX ET LES COURSES
EN FRANCE
PAR URBIN DESVAULX

1 vol. in-16 jésus. Prix : 1 fr. 25

Il contient : 1° L'histoire des chevaux depuis l'antiquité jusqu'au temps actuel; espèces françaises; moyen d'amélioration, etc.

2° Fondation et actes du *Jockey-Club;* réorganisation par l'Empereur des institutions chevalines.

3° Passé et présent des chevaux arabes et des chevaux anglais.

4° Les diverses natures de courses depuis l'origine : direction, personnel, hippodromes, prix, paris, etc.

5° Texte officiel des *Arrêtés* de règlement de courses (1862) et de classement des prix.

6° Vocabulaire des termes hippiques.

Voici dans quels termes le journal *le Sport,* qui fait autorité en pareille matière, termine l'article qu'il a consacré à cet ouvrage :

« Si un plan bien tracé et bien suivi, un style clair et « concis, une grande clarté dans les divers chapitres où la « matière hippique est traitée, suffisent pour faire le succès « d'un livre, nous prédisons un succès populaire à celui-ci, « que son prix modique met à la portée de toutes les bourses, « et qui, pour les lecteurs désirant se familiariser avec la spé- « cialité, contient les plus précieux enseignements. »

Pour recevoir le volume à domicile, envoyer *franco* 1 fr. 40 cent. en timbres-poste à M. DESVAULX, à Paris, 10 faubg Montmartre.

PARIS. — IMPRIMERIE DE J. CLAYE, RUE SAINT-BENOIT, 7.

www.ingramcontent.com/pod-product-compliance
Lightning Source LLC
La Vergne TN
LVHW050427160826
845677LV00002BA/569

* 9 7 8 2 3 2 9 6 8 9 9 6 8 *